U0337537

《走进 3D 打印》系列教材编委会

主　编	刘利刚	高　鑫	
编　委	王　强	焦　君	邵　鹏
	汤　倩	王　康	王士玮
	李　飞	高燕艳	华　琴

走进3D打印

初级篇

中国科学技术大学数学科学学院
合肥阿巴赛信息科技有限公司　组编

王　强　主编

中国科学技术大学出版社

图书在版编目(CIP)数据

走进 3D 打印:初级篇/王强主编. —合肥:中国科学技术大学出版社,2016.5
ISBN 978-7-312-03959-1

Ⅰ.走… Ⅱ.王… Ⅲ.立体印刷—印刷术—少儿读物 Ⅳ.TS853-49

中国版本图书馆 CIP 数据核字(2016)第 086925 号

出版　中国科学技术大学出版社出版发行
　　　安徽省合肥市金寨路 96 号,230026
　　　http://press.ustc.edu.cn
印刷　合肥市宏基印刷有限公司
发行　中国科学技术大学出版社
经销　全国新华书店
开本　710mm×1000mm　1/16
印张　8
字数　96 千
版次　2016 年 5 月第 1 版
印次　2016 年 5 月第 1 次印刷
定价　45.00 元

序

如何提高我国青少年的创新能力和创新水平，是我们教育工作者一直思考的问题。

通过 3D 设计与建模，能够有效地培养学生们的空间想象和认知能力。3D 打印技术能够将 3D 设计的作品变为可触摸、可应用的实物模型，将"想象变为现实"。爱因斯坦曾说："想象力比知识更重要。"3D 打印能够为孩子们的想象力插上翅膀，让孩子们在充满想象的天空中尽情翱翔，已逐渐为现代教育注入新的活力。越来越多的国家，尤其在西方发达国家，已将 3D 打印技术引入到课堂教学中。2012 年英国教育部将 3D 打印列入中小学国家课程表，并向 21 所国立中学的 STEM 和设计课程提供资源。在美国，许多大、中、小学都开设了 3D 打印课程，学生们喜欢用 3D 打印技术创作出属于自己的创意作品。

3D 打印技术是世界发展的新潮流，我国国家领导人曾多次在重要会议上提出大力推广 3D 打印技术，指出："新一轮科技和产业革命正在创造历史性机遇，催生互联网＋、分享经济、3D 打印、智能制造等新理念、新业态，其中蕴含着巨大商机，正在创造巨大需求，用新技术改造传统产业的潜力也是巨大的。"为响应国家和时代的号召，我国在北京、上海、宁波等城市已开设了 3D 打印技术学习试点学校，并取得了令人欣喜的成果。实验发现，3D 打印技术在提高我国青少年的创新能力上具有明显的推动作用,新技术让学生学会了自觉主动地学习和积极深入地思考。因此,如何让中、小学生快速地了解和掌握3D设计与3D打印技术至关重要。

为在我国中、小学中普及与开展3D设计与3D打印技术,中国科学技术大学数学科学学院与合肥阿巴赛信息科技有限公司的有关教研专家和一线在职中小学教师紧密结合,结合多年教学实践经验共同编写了《走进3D打印》系列教材。教材共分为初级篇、中级篇和高级篇3册,本册教材属于初级篇,从卡通形象人物迪迪的视角带领学生走进3D打印世界,让学生从最简单的模型堆砌、组合,到模型建立、设计,循序渐进,培养学生的空间设计思维。教材以活泼生动的语言、引人入胜的故事,让学生在潜移默化中接受和喜爱这项技术,并将3D设计与3D打印技术应用到实际的问题与未来的需求中。

创新是民族兴旺发达的不竭动力,青少年是国家未来发展的栋梁,想象力和创新力是孩子的核心竞争力。愿本系列教材能够为学生学习3D打印技术提供有效的方法。

由于编者能力有限,书中难免存在一些不足,欢迎广大读者批评指正。

刘利刚

中国科学技术大学

前　　言

　　同学们好，我叫迪迪，是大家的新朋友，很高兴认识你们。

　　我最喜欢做的事就是帮助小朋友去认识和了解世界，引导他们去开发思维，去发明创造，将理想变成现实，成为小小的设计师和发明师。

　　今天，我将带领大家去感受科学的魅力，利用最新的3D打印技术，去打造一座独特而新颖的创意之都。

　　　　　　下面，就让迪迪带领大家走进神奇而好玩的3D世界吧！

目 录

第一单元 从想象到现实

第1课 神奇的3D打印

 学习目标

1. 了解3D打印技术；
2. 了解3D打印机的类型及应用。

主题背景

童年之梦

迪迪今天为大家带来了一个好朋友，它的名字叫3D打印，通过它就可以实现你的想象，带我们走进啦A梦、大白的世界（图1.1），让我们一起来认识这位新朋友吧！

 房子、汽车、衣服、机器人……这些东西都可以打印出来吗？

图1.1 我的童年之梦

创意工厂

一、初识3D打印

3D打印技术能够将我们的想象变成现实,把想法设计成模型,再通过3D打印机打印成物体(图1.2),就可以拥有专属于自己的创意作品啦! 那么什么是3D打印呢?

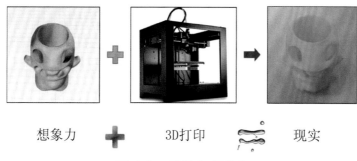

想象力　＋　3D打印　⟿　现实

图1.2　想象变成现实

3D打印即快速成型技术的一种,它是一种以数字模型文件为基础,运用粉末状金属、线性塑料或液态树脂等可黏合材料,通过逐层打印的方式来构造物体的技术,是一种新型的制造方式(图1.3)。

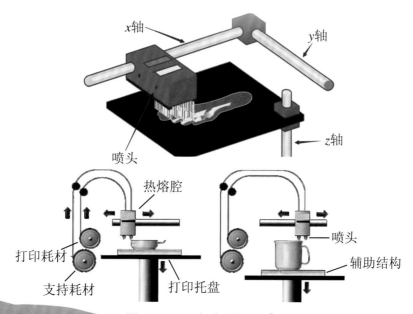

图1.3　3D打印原理示意图

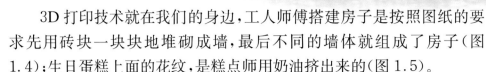
3D打印技术就在我们的身边,工人师傅搭建房子是按照图纸的要求先用砖块一块块地堆砌成墙,最后不同的墙体就组成了房子(图1.4);生日蛋糕上面的花纹,是糕点师用奶油挤出来的(图1.5)。

图1.4 砌房子　　　　　　　图1.5 生日蛋糕

 二、3D打印机的类型与应用

1. FDM 3D打印机

FDM 3D打印机是用熔融沉积工艺,将一些热塑性材料如塑料、尼龙等在喷头内熔化,挤出到平台上逐渐冷却,一层层堆积成模型(图1.6)。在我们的课程中,主要使用的就是这种机器。

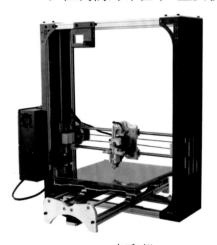

FDM 3D打印机　　　　　　　3D打印作品

图1.6 FDM 3D打印

2.食品打印机

食品打印机是以巧克力、面粉、糖等为原料,机器注射器上的喷头将食材均匀喷射出来,以层层堆积的方式制作出三维食物模型(图1.7)。

巧克力打印机　　　　　　　　　　　　个性巧克力

图1.7　食品3D打印

3.彩色打印机

3DP 3D彩色打印机以粉末状石膏粉为原料,通过彩色胶水把粉末选择性地黏在一起,构成实体(图1.8)。

3DP 3D彩色打印机　　　　　　　　　　3D人像

图1.8　3D彩色打印

4．建筑打印机

3D 建筑打印机的块头非常大，利用特殊强化处理的混凝土材料，按照数据规定的既定路径一层层堆积成型，最后组装成一栋房子(图1.9)。

3D建筑打印机   3D打印城堡

图 1.9 3D 建筑打印

3D 打印技术广泛应用于教育、航天航空、医疗、军事、汽车制造、艺术、服装、模具等诸多领域，相应地还有金属打印机、生物打印机、光固化3D 打印机等。随着技术的不断发展，我们在生活中会遇见越来越多的3D 打印技术的应用，这项技术也将逐渐走向平民化，让我们拭目以待吧！

 三、3D 打印的特点

1．一体成型

3D 打印的模型可以一体成型，无需组装，直接可以进行活动(图1.10)。

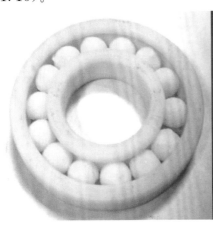
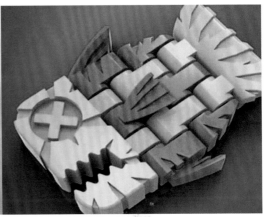

图 1.10 一体成型

2. 模型丰富

3D打印可以打印出多种多样的模型,有的模型用传统的工艺是制造不出来的,而想象是无限的(图1.11)。

图1.11 复杂多样的模型

1. 去网上查找3D打印的相关知识,了解3D打印的特点与应用。

2. 畅想3D打印的未来,写一篇小短文。

第 2 课　3D 创意模型

学习目标

1. 认识 3D 模型；
2. 了解 3D 模型的特点。

主 题 背 景

3D打印三要素

　　3D打印技术是一种以数字模型文件为基础，运用粉末状金属或塑料等可黏合材料，通过逐层打印的方式来构造物体的技术。所以影响技术未来发展的主要是这三个要素：3D打印机、3D打印材料和3D打印模型（图2.1）。

　　3D打印中最具活力的是模型，人们主要通过3D建模表达自己的创意与想法。下面迪迪带大家走进3D模型世界。

3D打印机

材料

模型

图2.1　3D打印三要素

创意工厂

一、什么是3D模型

3D模型是由点、线条、三角面片构成的立体空间形状，我们可以从任何一个角度去观察它（图2.2）。

纹理

三角面片

点

线

图 2.2　3D模型的组成要素

二、3D模型的格式

3D打印的模型需要转化成一定的格式进行保存与读取，格式包括：.a3d、.stl、.obj（图2.3），这些格式的模型经过切片处理就可以打印了。

3D模型格式 ⟹

小象.a3d

小象.stl

小象.obj

图 2.3　模型的格式

三、模型的获得

1. 下载模型

3D数据模型获得的方式有很多种,其中网络资源库是海量的,可以在模型网站上搜索下载(图2.4)。

愤怒的小鸟

土豆雷

小黄人

火箭

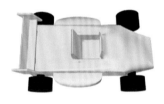

小车

飞机

鼠标

收纳盒

鸭子盆栽

图2.4 网络资源库

2．3D 建模

3D 建模，又名正向建模，是获得模型的重要方式，也是我们学习的重点(图 2.5)。

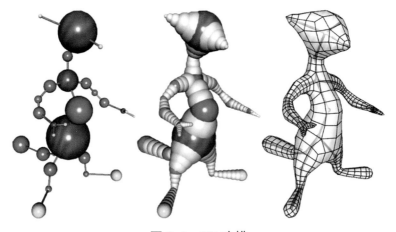

图 2.5　3D 建模

3．三维扫描

三维扫描，又名逆向建模，是指在现有的模型基础上获取 3D 模型数据(图 2.6)。

图 2.6　三维扫描

四、模型的应用

1．游戏类

游戏中的模型面数较少，多注重高质量的纹理贴图（图2.7）。

图2.7　游戏模型应用

2．电影与动漫

3D电影与动漫正流行起来，受到大家的追捧（图2.8）。

图2.8　3D电影与动漫

3．玩具类

在玩具设计中也大量应用了3D建模，都是具有特色创意的表达方式（图2.9）。

图2.9 玩具设计

4. 设计类

在我们的生活与生产中会利用 3D 建模设计出产品的原型,它们对数据的精确度要求更高(图2.10)。

图2.10 3D 产品设计

兴趣拓展

欣赏一部 3D 电影或动漫作品,了解其特点。

第二单元 个性文具

第3课　专属的签字笔

学习目标

1. 了解 3D 空间；
2. 设计专属签字笔。

主题背景

书写的故事

文字和笔经历了一段漫长的发展历史。

文字是人类文明最具代表性与延续性的发明创造，由文字衍生出的文字载体和书写工具——笔也在不断地发展，下面让迪迪带领大家一起来了解书写的发展历程吧(图3.1)。

文字载体　　　　　　　　　书写工具

甲骨　　　　　　　　　　　青铜刻刀

图3.1　书写的历史

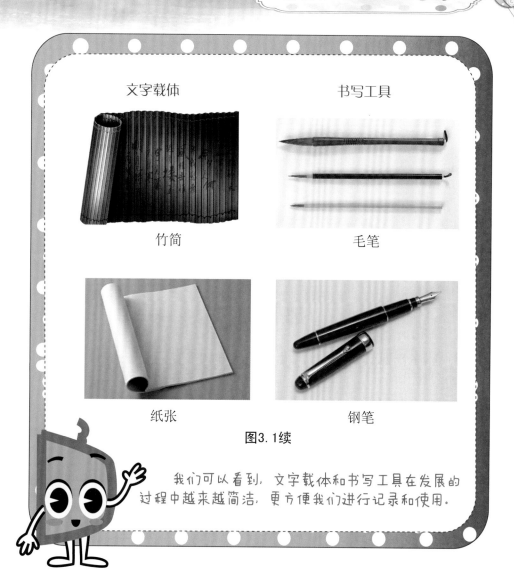

文字载体　　　　　　书写工具

竹简　　　　　　　毛笔

纸张　　　　　　　钢笔

图3.1续

我们可以看到，文字载体和书写工具在发展的过程中越来越简洁，更方便我们进行记录和使用。

活 动 任 务

大家平日里用的笔都是从超市直接买的，方便但却千篇一律。下面迪迪带领大家来学习并设计一款属于自己的笔(图3.2)。

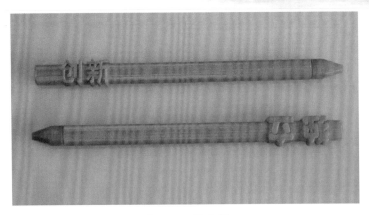

图 3.2 签字笔

创 意 工 厂

1. 认识界面

如图 3.3 所示,打开 ABC 3D 软件界面,认识界面的操作区、平台区、模型区、插件区和打印区等功能区。

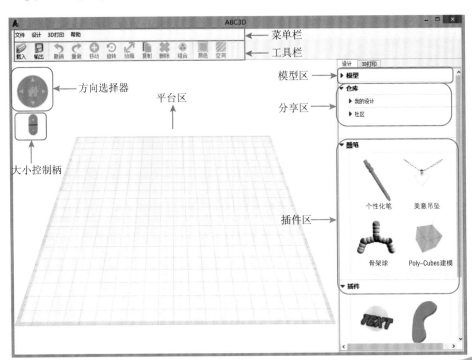

图 3.3 ABC 3D 软件界面

2. 设计笔身

选择"酷笔—个性化笔",按照图 3.4 所示,在方框内选择合适的字体,单击"加粗 **B**",对字体进行设置;设置完,在对话框内输入"创新"二字,文字以 2～3 个为宜。

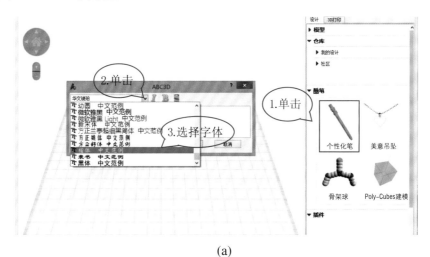

(a)

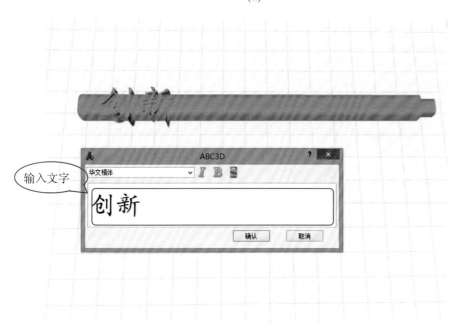

(b)

图 3.4 设计笔身

3. 导入笔头

选择"模型—符号—笔头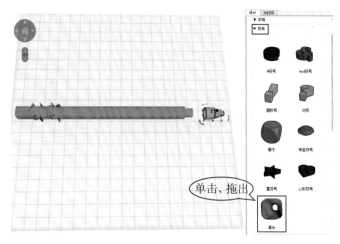",如图 3.5 所示,将笔头拖入平台区。

图 3.5　导入笔头

4. 保存文件

如图 3.6 所示,单击"输出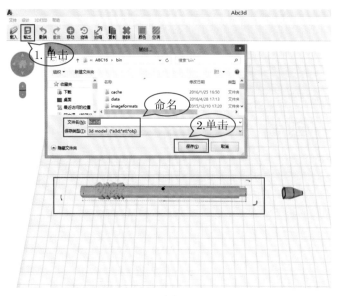"按钮,以"bi. a3d"或"bi. stl"为文件名保存文件。签字笔的笔身和笔头要分开保存,方便之后打印与组装。

(a)

图 3.6　保存文件

保存笔头

(b)

图 3.6 续

注意：保存文件时，.a3d格式是软件特有的格式，可以保存后重新导入软件进行修改；.stl格式可重新导入软件进行查看，也可以直接切片打印，但是不可以修改。

我们学习了书写的故事，下面继续了解书法的小知识。

1. 篆书

书法细劲挺直，笔画无顿挫轻重（图3.7）。

2. 隶书

字体扁平、工整、精巧（图3.8）。

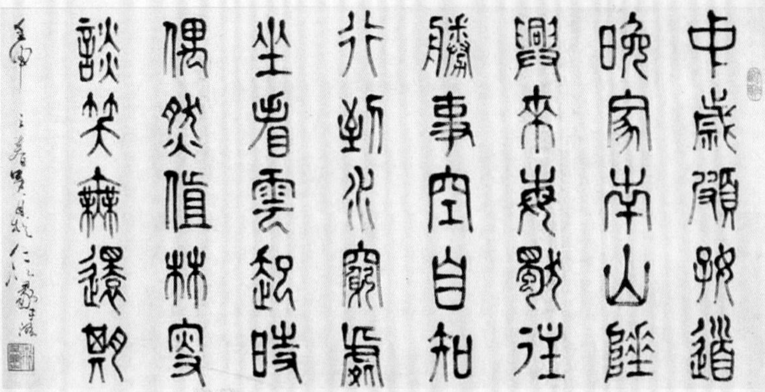

图 3.7　篆书

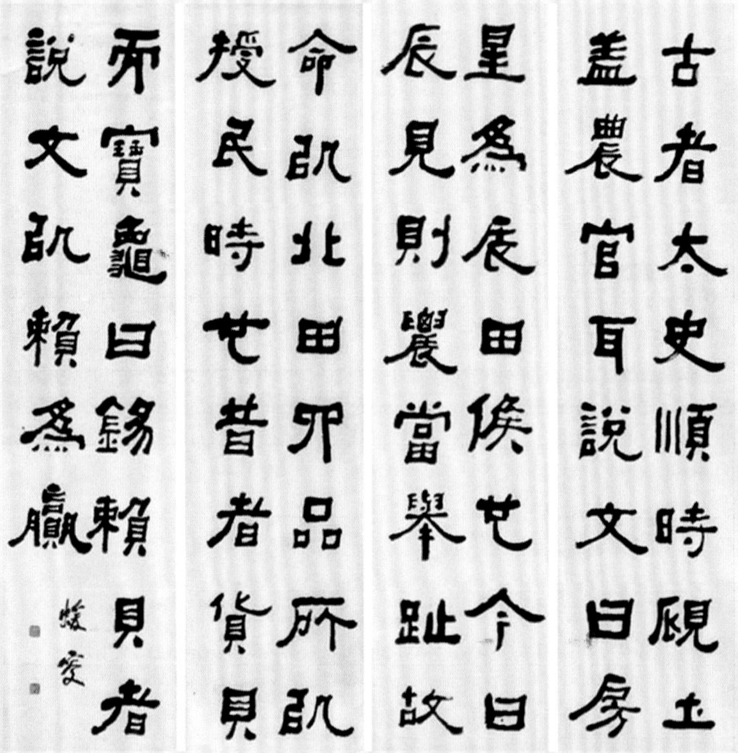

图 3.8　隶书

3. 楷书

从隶书逐渐演变而来,更趋简化,字形由扁改方,横平竖直,特点在于规矩整齐(图3.9)。

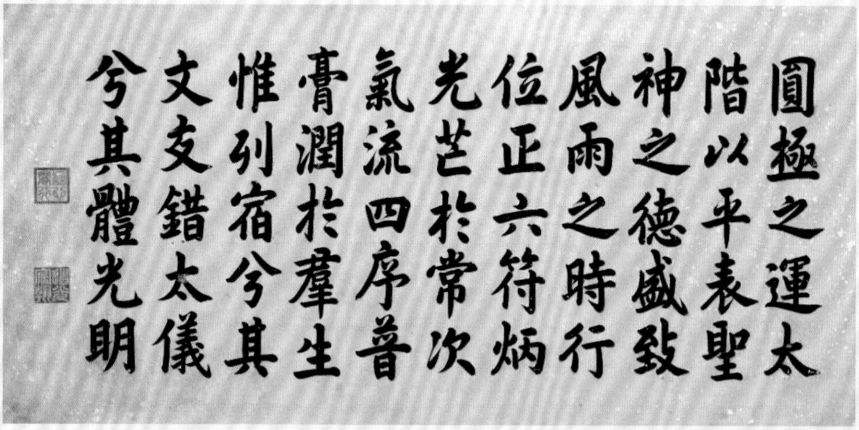

图3.9　楷书

4. 行书

介于楷书、草书之间的一种字体。写得比较放纵流动,近于草书的称行草;写得比较端正平稳,近于楷书的称行楷(图3.10)。

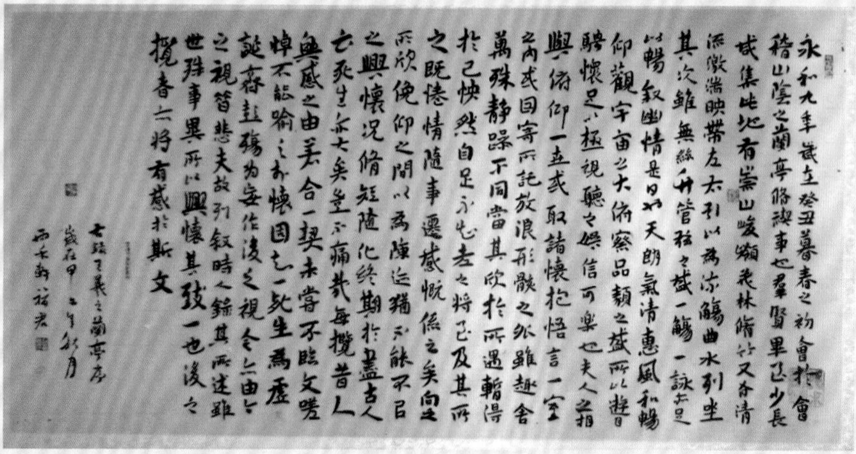

图3.10　行书

5. 草书

在隶书的基础上发展而成,特点是结构简省,笔画连绵(图3.11)。

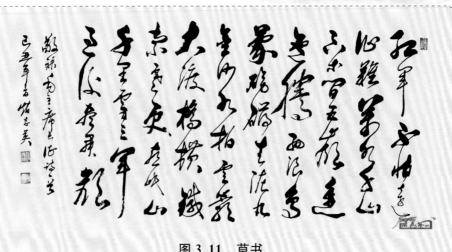

图 3.11 草书

通过上面的学习，大家会做个性笔了，那再试着为爸爸妈妈、老师和亲朋好友制作一个专属笔（图3.12）吧。

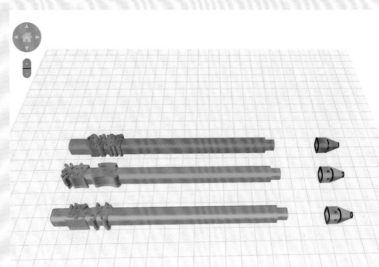

图3.12 签字笔

第4课 笔在心中

学习目标

1. 了解空间的概念；
2. 学习模型的组合；
3. 设计个性笔筒。

主题背景

多彩的组合世界

　　迪迪相信大家平日里一定很喜欢出去玩，不知道大家有没有一双慧眼去发现周围的美景呢，比如公园，不是只有玩耍的设施，还有假山、湖水、动物、植物等一系列的东西。自然界就是各种形状堆砌、组合的最佳呈现（图4.1）。

平原

丘陵

图4.1 自然之美

我们在生活中能看到各种组合物体，如房子、车子、电器、玩具等（图4.2）。迪迪希望大家在了解一个东西的时候不要只看整体，也要去关注它的细节，这样才能够发现组合的美。

组合城堡

喷火飞龙

图4.2　生活中的组合

活 动 任 务

上面大家也简单地看到了组合的魅力，这节课迪迪就带领大家尝试用组合的概念来设计一个个性笔筒。

大家先观察"我的个性笔筒"（图4.3），说一说它是由哪些基本立方体组成的。

图 4.3　我的个性笔筒

创 意 工 厂

1．制作笔筒筒身

如图 4.4 所示，选择"酷笔—美意吊坠 ⌄"，绘制一个爱心图形，选择"生成网格 ⊞"，最后得到筒身。

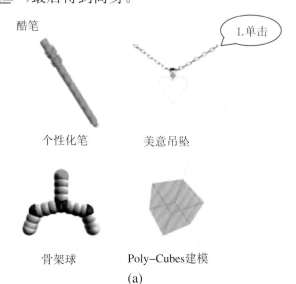

图 4.4　制作笔筒筒身

(b)

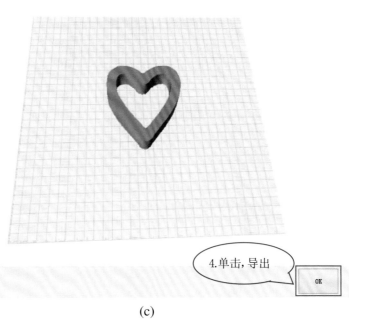

(c)

图4.4 续

小知识：图中的3D模型，是由心形2D线条直接拉伸形成的，对2D面片进行拉伸是形成3D模型的重要方式之一。

2．制作筒身

拖动小方格对心形模型进行大小修改，按住"Ctrl"＋鼠标左键选择图中的方格拖动，增加筒身的高度，如图 4.5 和图 4.6 所示。

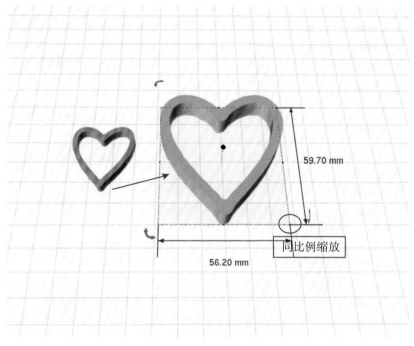

图 4.5　同比例缩放

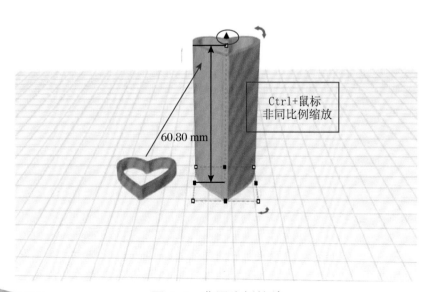

图 4.6　非同比例缩放

小知识：拖动小方格是同比例缩放的效果，按住"Ctrl"＋鼠标左键拖动小方格是非同比例缩放。

3．制作笔筒底部

如图4.7所示，选择"模型—符号—心形"，并将"心形 ♥"拖入平台，利用缩放功能调节其大小。

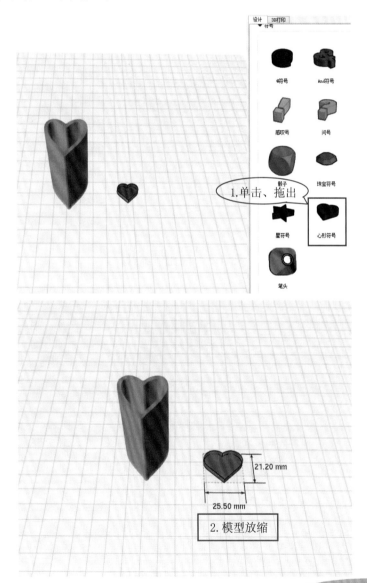

图4.7　制作笔筒底部

4.复制笔筒

如图4.8所示,将爱心模型底座移动到筒身底部的中间位置,全部选中笔筒模型,再"复制"一个笔筒。

(a) 移动位置

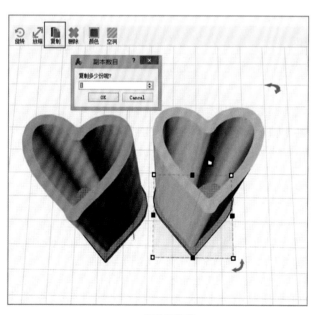

(b) 复制模型

图4.8 复制笔筒

5. 组合模型

如图 4.9 所示，对复制的笔筒模型进行移动与旋转调整，将两个模型组合成一体。

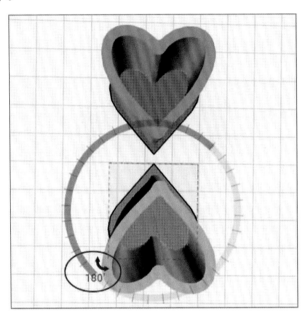

(a) 旋转模型

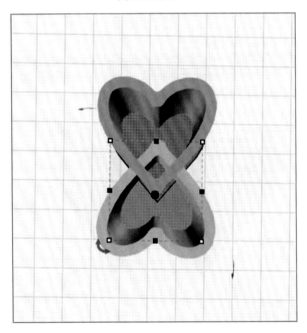

(b) 合并模型

图 4.9　组合笔筒

6. 保存作品

选择"输出 "，将设计好的笔筒以 .a3d 和 .stl 的格式分别保存（图 4.10）。

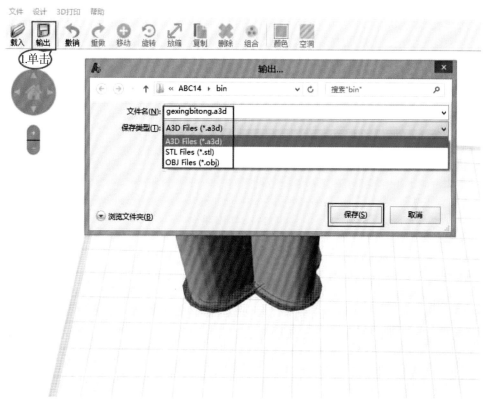

图 4.10　保存模型

1. 模型变形

（1）打开 ABC 3D 软件，对平台进行多角度的观察。点击悬浮框，可以上下左右几个方向旋转平台；拖动一个立方体到平台，按住鼠标右键拖动进行多角度查看模型，初步树立空间感（图 4.11）。

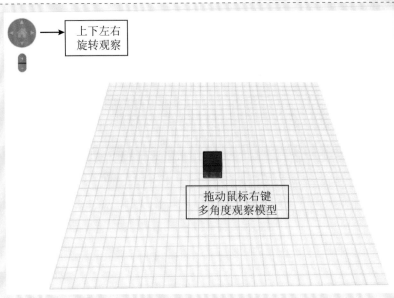

上下左右旋转观察

拖动鼠标右键多角度观察模型

图4.11　初识平台

（2）软件的主要操作与变形是靠变形器编辑的,图4.12介绍的是移动功能,确定方向直接进行拖动,旁边的数字表示的是移动的距离;图4.13中框选的小方体可实现缩放功能,拖动可对模型放大或缩小;图4.14的圆环代表着旋转,环上刻有相应的度数,一圈为360°。

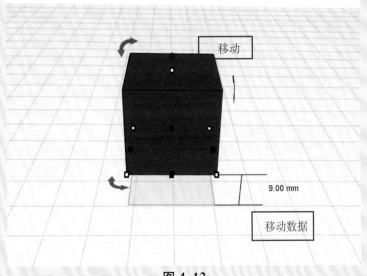

移动

9.00 mm

移动数据

图4.12

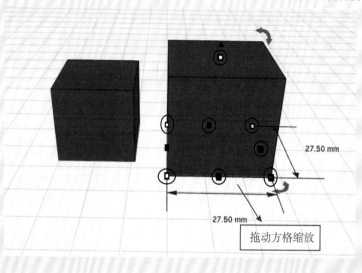

27.50 mm

27.50 mm

拖动方格缩放

图 4.13

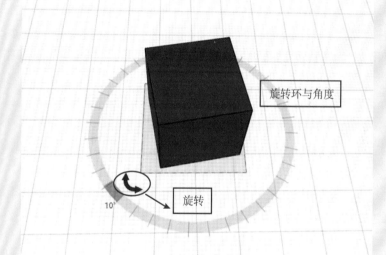

旋转环与角度

旋转

图 4.14

2. 三维空间

3D 模型都是立体的,空间感对于设计很重要。在数学上我们是以 X、Y、Z 三个轴向给模型定位的。观察图 4.15 中的空间坐标系,X、Y、Z 三个轴向分别代表立方体的长、宽、高。

3. 绘制

结合上面的知识,对设计的个性笔筒进行上下、前后、左右六个方向观察,试着绘出各个面的图形(图 4.16)。

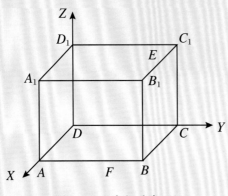

图 4.15 空间坐标系

图 4.16 笔筒

小小设计师

利用本课学到的建模知识,学着设计出图4.17中的个性笔筒。

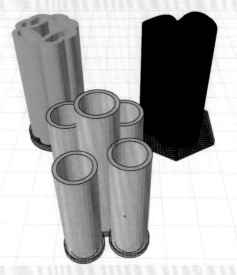

图4.17 个性笔筒

第三单元 奇妙的线条

第5课 心连心

第6课 十二生肖

第5课 心连心

学习目标

1. 发现线条之美；
2. 了解线条的搭配；
3. 学会用线条设计作品。

主题背景

多彩的线条

线条能组成什么好看的图形呢？

线条能组成很多好看的图形啊，比如大自然中很多美景都是由线条构成的。

1. 大自然的线条

大自然的线条如图5.1所示。

梯田

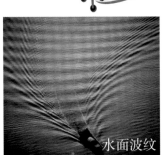
水面波纹

薰衣草

图5.1 大自然的线条

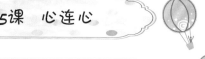

2. 生活中的线条

生活中很多艺术也都是来源于线条的变形和组合（图5.2），一起来了解吧.

小蝌蚪找妈妈　　　　　《兰亭集序》

衣服设计

图5.2　生活中的线条

线条在生产与生活中有很多的应用，我们要学会用线条表达我们的情感与创意.

活动任务

上面迪迪带大家发现了身边的线条之美，下面就让我们一起用线条去设计一条美丽的吊坠吧（图5.3）。你想送给谁呢？

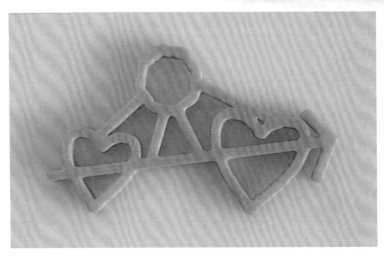

图 5.3　心连心

创 意 工 厂

1.设计主体

如图 5.4 所示,打开"美意吊坠 ",选择心形与螺旋线,对线条可以进行拉伸变形与调节关键点的操作 。

1.单击图形编程

2.调整

图 5.4　设计主体

2. 细节设计

如图5.5所示,用直线连接各个图形,并用不同颜色区别。

图 5.5　细节设计

注意:3D模型需要连成一个整体,将圆外旋轮线与爱心线通过直线连接成为整体。

3. 模型生成

如图5.6所示,单击"生成网格 ⊞"按钮。

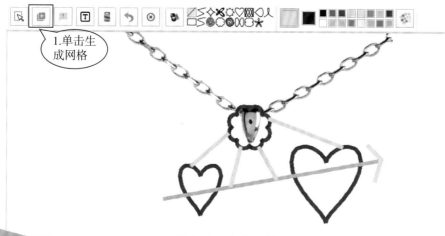

1.单击生成网格

图 5.6　生成网格

如图 5.7 所示，若对模型不满意，可点击"返回 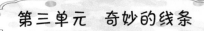"，重新修改模型，修改后点击"确定 OK"按钮重新生成。

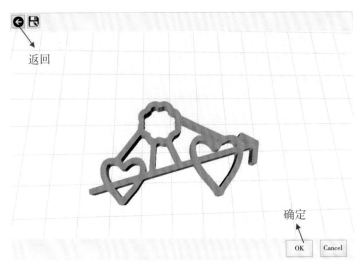

图 5.7 观察模型

4．保存模型

如图 5.8 所示，选中模型，点击"输出"，保存为"diaozhui. stl"。

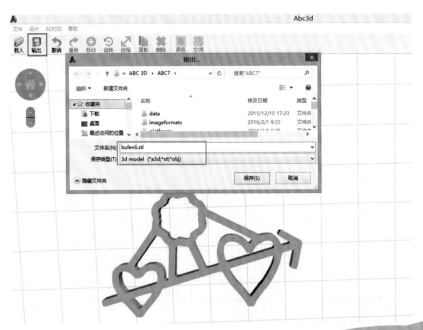

图 5.8 保存模型

兴趣拓展

　　汉字是线条构成的方块体文字,在长达几千年的发展历程中形成了独特的写法。大家看看图5.9,可不可以告诉迪迪,汉字的笔画都有什么特点?

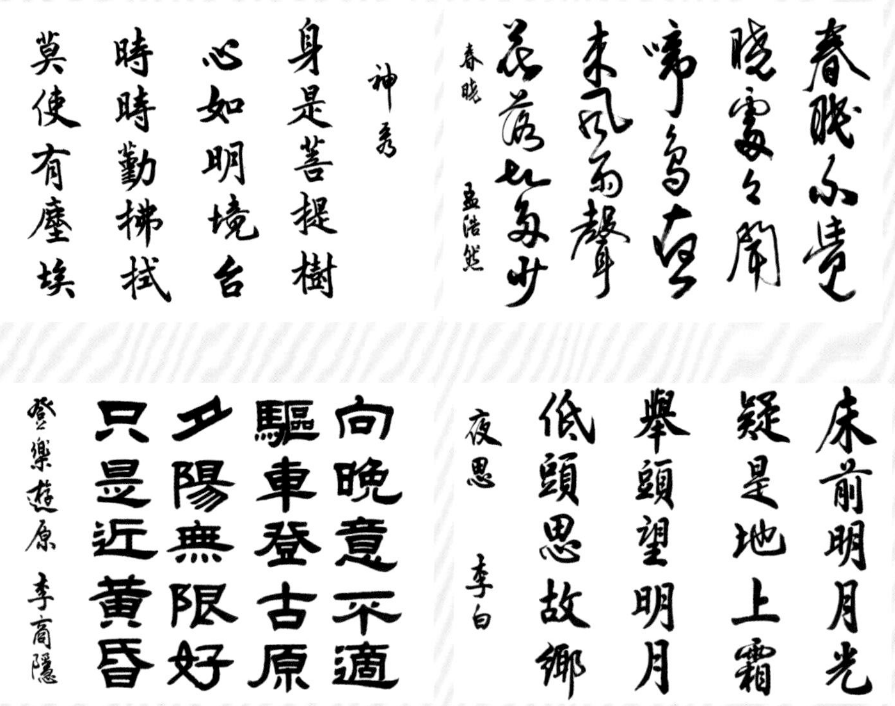

莫使有塵埃　時時勤拂拭　心如明境台　身是菩提樹　神秀

花落知多少　夜來風雨聲　處處聞啼鳥　春眠不覺曉　春曉　孟浩然

只是近黄昏　夕陽無限好　驅車登古原　向晚意不適　登樂遊原　李商隱

低頭思故鄉　舉頭望明月　疑是地上霜　床前明月光　夜思　李白

图5.9　汉字书法

小小设计师

　　下面跟着迪迪认识一种新的字体吧,你们知道图5.10中是什么字吗?有什么寓意?

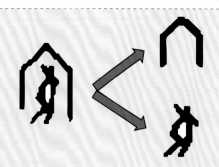

(住的地方，房子)

(劳动财富，肥猪)

图 5.10　甲骨文

第6课 十二生肖

学习目标

1. 认识十二生肖；
2. 设计自己的属相。

主题背景

十二生肖

十二生肖是怎么来的呢？

　　十二生肖，又叫十二属相，在中国与十二地支相配，以记录人出生年份的十二种动物，包括鼠、牛、虎、兔、龙、蛇、马、羊、猴、鸡、狗、猪（图6.1）。

　　下面还有个关于十二生肖的小故事呢，让迪迪给大家说说吧。

　　相传在古时候有一个王叫黄帝，他要选十二动物担任宫廷卫士，猫托付老鼠报名，结果老鼠忘了，从此猫见老鼠就寻仇。原本是以牛为首的，老鼠偷偷爬上牛背占了先机。虎和龙不服气，被封为山神和海神，排在牛的后面。兔子不服，要和龙赛跑，兔子跑到了龙前面。狗不乐意，一气之下咬伤兔子，被罚排倒数第一。蛇、马、羊、猴、鸡之间还经过一番较量，最后猪跑来占据末席。这就是十二生肖的来源。

图6.1 《龙在哪里》剧照

活动任务

我们都是龙的传人,龙是中国的象征,也象征着吉祥如意!那今天迪迪就带领大家去设计一条可爱的龙(图6.2)吧。

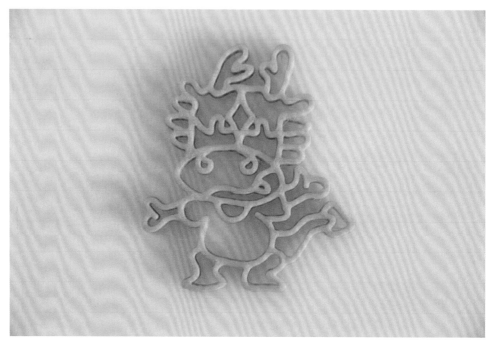

图6.2　生肖龙

创意工厂

1．导入图片

如图6.3所示,打开"美意吊坠　",我们可以使用"打开图片　"栏导入所需龙的图片(也可以自己绘画设计)。

2．龙的头部

如图6.4所示,用曲线描绘出龙的头部,选取不同颜色进行描边,以便于区分。

图6.3 导入龙的图片

图6.4 龙的头部

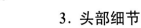

3．头部细节

如图 6.5 所示，描绘出龙的头部细节，注意与脸连为一个整体。

图 6.5　头部细节

4．龙的身体

同样的方法，用曲线描绘出龙的身子，得到一条彩色的迷你龙，如图 6.6 所示。

图 6.6　龙的身体

小知识：3D模型的打印是一体的，所以绘制的线条要相互连接。

5．模型调整

单击"选择 "按钮，对线条进行微调（图6.7），所有的线条连为一个整体，之后点击"生成网格 "查看模型效果，如图6.8所示。

点击进行调整

图6.7　对模型微调

图6.8　模型生成效果

如图 6.9 所示,单击"笔对话框 ",将线条的宽度与高度改为 10。

单击,调整
线条粗细

图 6.9 数据调整

修改过后,单击"生成网格 ",查看模型,确认无误后单击"确定 OK"按钮(图 6.10)。

图 6.10 模型的确认

6. 模型保存

把模型导入到平台上,颜色变成"红色■",单击"输出▯",文件保存名为"long. stl",如图6.11所示。

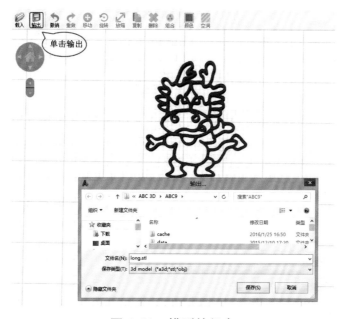

图 6.11 模型的保存

兴趣拓展

　　在我们的文化中,十二生肖有着特别的象征意义,人们赋予了它们很多的情感与美好愿望。你们都知道多少呢?

　　·鼠偷吃粮食,证明"仓库有余粮",说明这户富足,家中鼠多象征富裕;鼠的繁殖能力极强,寓意着多子多孙,人丁兴旺。

　　·因为牛耕,中国人对牛感情深厚,把诸如憨厚勤劳、不求回报等优秀品质附在牛身上,也把牛当作家庭的重要成员,非常宝贵。

　　·龙在中国最具代表性,可行云布雨,象征神灵、皇权、风调雨顺、出人头地、夫妻和谐并家庭美满,在我们的生活与社会中独具象征色彩(图6.12)。

图6.12 生肖龙

同学们借助网络查一查和自己生肖相匹配的解释吧,这也是对自己的美好祝愿哦!

你们都知道自己的生肖吗? 自己探究之后再告诉迪迪吧。

小小设计师

下面大家根据刚刚学到的知识,用建模软件做出自己的生肖模型（图6.13）吧!

图6.13 生肖模型

第四单元 魔幻之球

第7课 微笑的太阳

 学习目标

1. 了解对称的知识；
2. 设计一个太阳人。

主题背景

对称的艺术

迪迪今天去看艺术展，发现了下面几张图（图7.1）很美，大家能看出三张图的共同点吗？

赫本　　　　　　　祈年殿　　　　　　　剪纸

图7.1　漂亮的图片

下面让迪迪给大家普及一下对称的概念。

如果一个图形沿着一条直线对折后两部分完全重合，这样的图形叫做轴对称图形，这条直线叫做对称轴。这时，我们也说这个图形关于这条直线成轴对称。

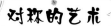

对称的艺术

大家可以看下面的三张图（图7.2），都是对称图形，其中的红线就是迪迪所说的对称轴了。

小狗照镜子

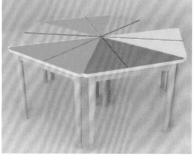

组合课桌

水中树影

图7.2 对称的图形

活动任务

迪迪上面也说了,学会对称对我们之后的建模很有帮助,下面就让迪迪带大家来做一个对称的微笑太阳人(图7.3)。

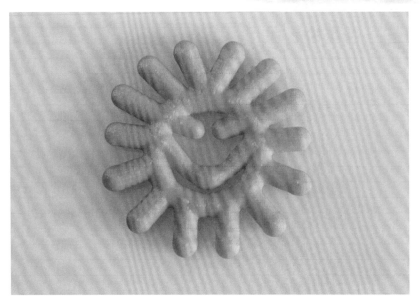

图 7.3 微笑太阳人

创 意 工 厂

1. 认识软件界面

观察图 7.4,熟悉骨架球界面的不同功能区的功能,可以进行操作实践体验。

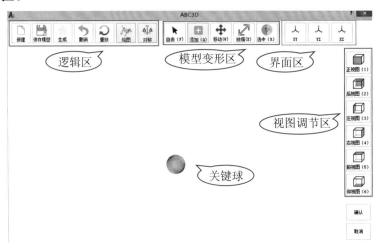

图 7.4 骨架球界面

2．关键球编辑

按照图7.5，"添加 ""关键球●"2次，进行"移动✛"形成圆环形。

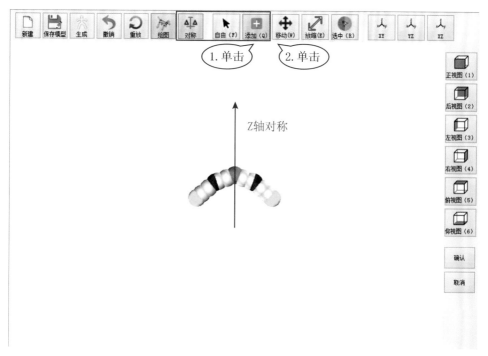

图 7.5　关键球编辑

注意：骨架球是对有颜色的球进行调整，并且是以Z轴为对称轴。

3．设计太阳环

继续用"添加✛"功能绘制太阳人的圆环图，再用"移动✛"功能进行调节（有颜色的关键球），得出图7.6所示的圆环。

4．太阳光环

通过"添加✛"在控制球上绘制出光环，并用"移动✛"对控制球进行调节，得出如图7.7所示的太阳光环。

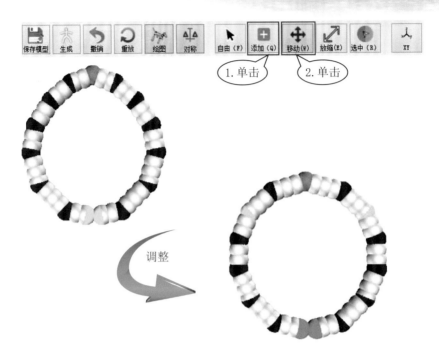

图 7.6　太阳环

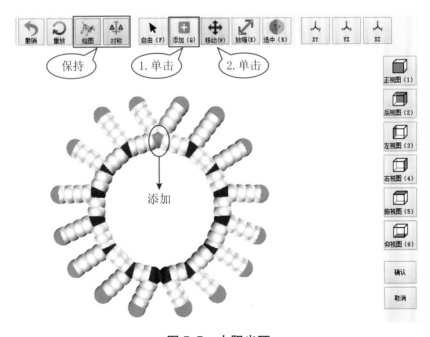

图 7.7　太阳光环

5．制作太阳笑脸

按照上述的方法，应用"添加"与"移动"的功能做出太阳的眉毛与嘴巴，如图7.8所示。

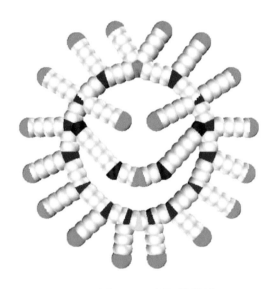

图7.8　太阳的笑脸

小知识：骨架球的建模是通过对球体的添加、放缩和移动等功能建模的，球体的模型本身就是一体连接的。

6．生成模型

如图7.9所示，点击"生成"按钮，完成后关闭"绘图"按钮，得到如图7.10所示的模型，修改完成后，点击"确认"。

生成模型

图 7.9　模型生成计算

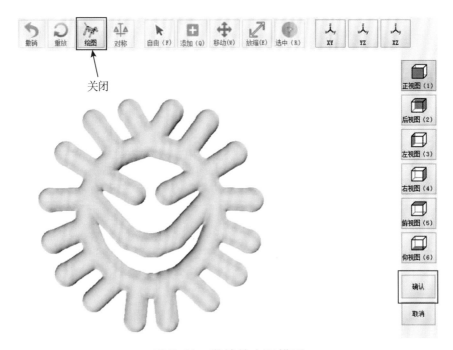

图 7.10　微笑的太阳模型

7．导入平台

将模型导入到软件的平台之上，将颜色变成"天蓝色▨"，如图 7.11 所示。

图 7.11　模型在平台

8．保存模型

点击"输出▭"，保存为 .stl 格式（图 7.12）。

图 7.12 模型的保存

兴趣拓展

我们所建的模型都是三维立体的,在创建的过程中需要多角度的观察与操作。在基本的数学几何中对三维空间有个定位,图中的立方体可以用 X、Y、Z 三个轴向表示数据大小的方向,从上下、左右、前后六个面观察都是正方形,而将其展开后如图 7.13 和图 7.14 所示。

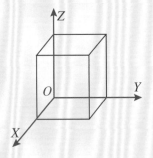

图 7.13 坐标轴与立方体

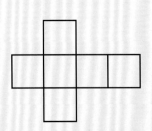

图 7.14 立方体的展开

小小设计师

1. 通过这节课的学习，大家应该学会了简单的对称画法，下面我们来设计更多可爱的对称人脸吧（图7.15）！

图7.15 对称的人脸

2. 发挥你们的想象，为班级设计一个班徽，要求设计的模型是轴对称的，并有一定寓意。

第8课 可爱的小人

学习目标

1. 了解人的由来；
2. 学会多角度观察；
3. 设计一个人物模型。

主题背景

我们从哪里来

人是怎么来的？

人类是由猿猴一步步进化而来的；我国古代也有女娲造人的神话故事（图8.1）。

在中国的古代神话中，女娲创造出了世间万物，但大地辽阔，她感到很孤独，需要生机与活力。于是她仿照自己，用黄泥和水揉出小娃娃的样子，一放到地上他们就活了起来，向她喊"妈妈"。女娲很开心，做出了很多的小娃娃，并取名叫"人"。为了使人类可以永远地存续下去，又将他们分为男人与女人，让他们去繁衍后代。

图8.1 女娲造人

现代科学研究表明人是由古猿进化而来的，进化的标志主要是大脑容量的增加和学会创造工具来改造大自然（图8.2）。

图8.2　人类的进化

活动任务

古代神话中女娲娘娘用泥土造出了人，下面让迪迪带大家用3D打印技术也来"造出"一个可爱的小人（图8.3）出来吧。

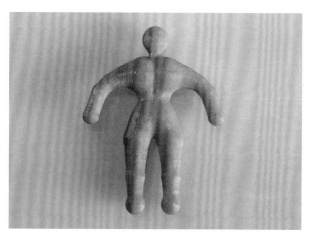

图8.3　可爱的小人

创意工厂

1．绘制小人的头部

打开骨架球界面，取消"对称功能▲▲"，在关键球下方"添加➕"2个"控制球 ●"，利用"放缩 ↗"调节大小，如图8.4所示。

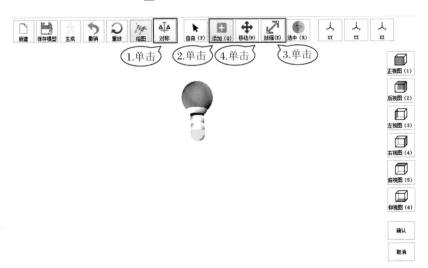

图8.4　绘制小人的头部

2．绘制小人的肩膀

按照图8.5的步骤，单击"选中 ◉""关键球 ●"，再进行"添加 ➕"操作，拉出肩膀；如图8.6所示，点击"放缩 ↗"，用鼠标拖动球体对肩膀调整。

图8.5　绘制小人的肩膀

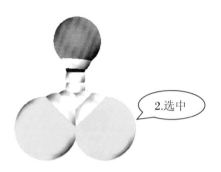

1.单击放缩

2.选中

图 8.6 肩膀的调节

3. 绘制小人的身体

对肩膀部位继续"添加 ➕"球体 3 次（图中有颜色的部位），对其进行"放缩 ↗"与"移动 ✚"的操作，调整的状态如图 8.7 所示。

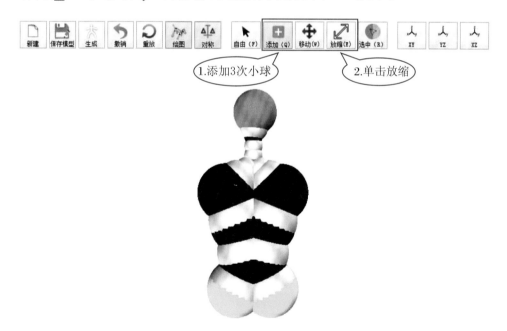

1.添加3次小球

2.单击放缩

图 8.7 绘制小人的身体

4.调整身体

建模是需要多角度观察与调整的,调整到"左视图(3) ",可以调节模型的前胸与后背,应用"放缩 "与"移动 "工具控制,得到如图8.8所示的结果。

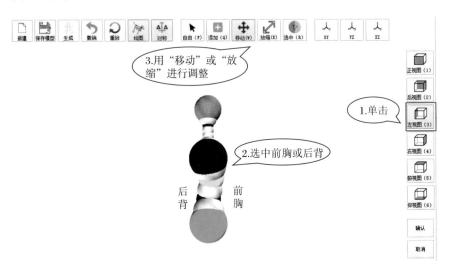

图 8.8　调整身体

5.添加胳膊

回到"正视图(1) ",在肩膀的部位继续"添加 "球,用"放缩 "与"移动 "调整出人物的胳膊,按照图8.9所示。

图 8.9　添加胳膊

6. 制作腿部

继续用"添加 ➕"功能做出腿部的模型,并用"放缩 ↗"与"移动 ✛"调整出大腿、膝盖与小腿的不同部位(有颜色球为关键点),如图 8.10 所示。

图 8.10　制作腿部

7. 生成模型

观察模型无误后,单击"生成 ⚆"计算模型,之后单击"绘图 ✗",得到模型如图 8.11 所示。

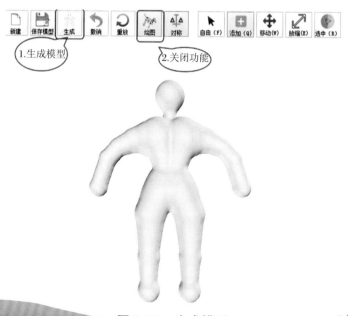

图 8.11　生成模型

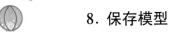
8.保存模型

将模型导入到平台之上,颜色为"橙黄色▨",单击"输出▧",书写出名字保存即可。

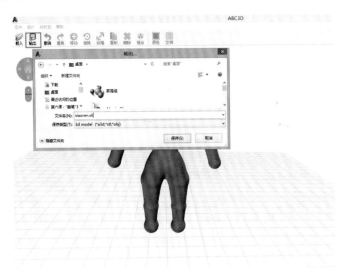

图 8.12 模型的保存

在 3D 建模中需要较强的空间感,明白前后、左右、上下六个视图模型的特点,画出本课中"可爱的小人"模型的从六个面观察的图案(图8.13)。

图 8.13 可爱的小人

大家要想有好的身体，就要多多锻炼啊，如果你想变聪明，跑步去！下面再跟着迪迪结合刚刚学会的知识再来创造一个奔跑的小人（图8.14）吧。

图8.14　奔跑的小人

第9课　奔跑的"京"字

1. 了解奥运会中的中国元素；
2. 学习立体建模；
3. 设计京字艺术模型。

主题背景

奥运会中的中国元素

2008年北京举办了第29届夏季奥林匹克运动会（奥运会），你是否想知道2008年奥运会都有涉及哪些中国元素？

就让知识渊博的迪迪来告诉你吧。

北京奥运会于2008年8月8日至24日在北京举办。

奥运会中的中国元素让世界惊艳，也让不同国家的人了解到了神秘的东方文化。"中国印·舞动的北京"是其中的代表之一，"舞动的北京"是以印章的方式呈现中国古老的篆刻艺术（图9.1）。它又借中国书法之灵感，将北京的"京"字演化为舞动的人体。所以说中国印虽然看似简单，但是蕴含了中国博大精深的文化。

想一想：与奥运会有关的其他中国元素。

图9.1　中国印·舞动的北京

活动任务

"中国印·舞动的北京"的"京"字是个舞动的小人，让我们发挥想象，跟着迪迪一起创造出一个独一无二的模型(图9.2)。

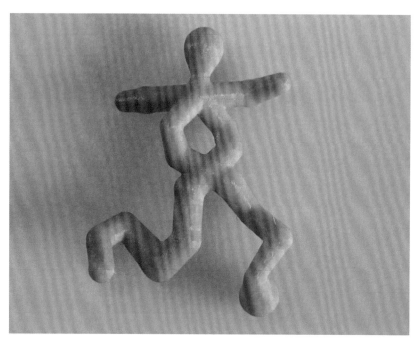

图 9.2　奔跑的"京"字

创意工厂

1. "京"字的头部

按照图9.3的步骤，进入"正视图▣"，取消"对称⧩"功能，"添加➕"球体，绘制"京"字的头部。

通过"放缩↗"与"移动✛"的功能，做出模型的头部与手臂，两边的手臂长度不相等，如图9.4所示。

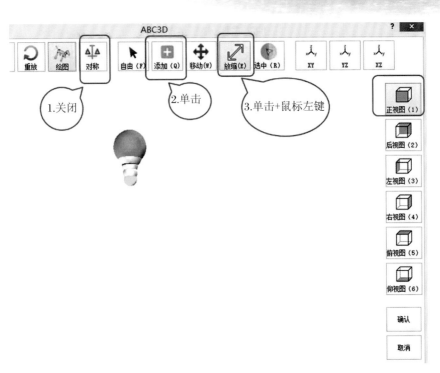

图 9.3　绘制头部

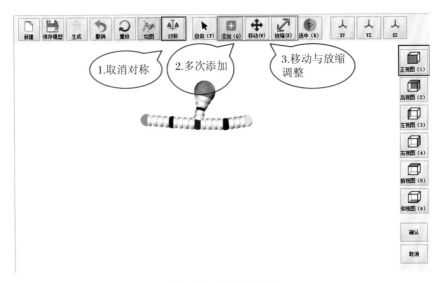

图 9.4　绘制肩膀

2. 头部调整

进入到界面的"俯视图（5）▱"，从模型的顶部观察，注意前胸与后背,用"移动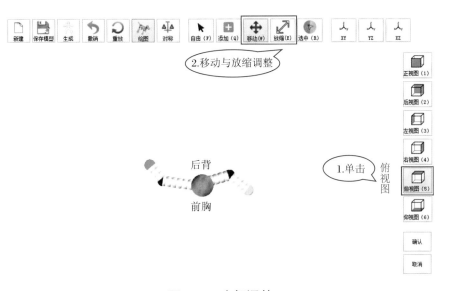"使得手臂舞动起来,如图9.5所示。

图 9.5 头部调整

3."京"字的身体

回到"正视图(1)",对脖子处关键球进行"添加"与"移动",如图9.6所示。

图 9.6 "京"字的身体

进入到"左视图(3) 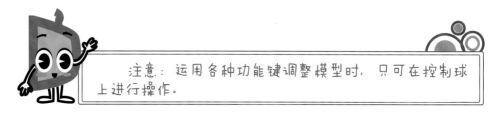",分别向相反方向"移动✛""关键球●",调整的位置如图9.7所示。

图9.7 身体的调整

注意：运用各种功能键调整模型时，只可在控制球上进行操作。

4."京"字的腿部

在"正视图(1)▱"上用"添加✚"与"移动✛"的功能做出模型的腿部,关键球要位于重要的造型节点,如图9.8所示。

5．腿部调整

在"俯视图(5)▱"上对双腿进行"移动✛",如图9.9中一样,大腿、膝盖、脚腕等部位不同位置变化,使之具有立体感并稳定。

图 9.8 "京"字的腿部

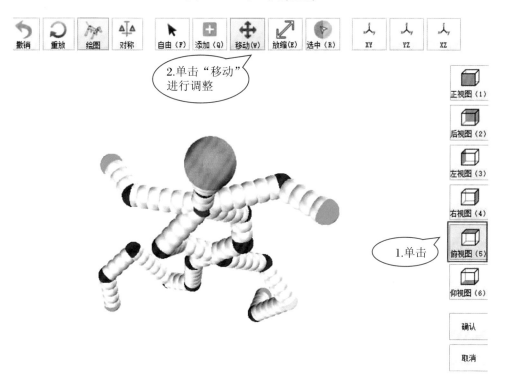

图 9.9 腿部调整

6．细节调整

在界面的"正视图（1） "，对整个模型的细节进行调整，可将脚部"放缩 "变大，增强稳定性，如图 9.10 所示。

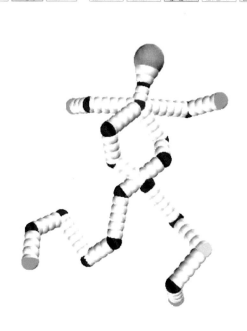

图 9.10　模型细节调整

小知识：骨架球的建模方式类似于动物的生长，从一个原始球体上延伸出不同的部位，组合成多种多样的特色模型。

7．模型生成

观察模型无误后，单击"生成 "计算模型，之后单击"绘图 "，满意后导出模型（图 9.11）。

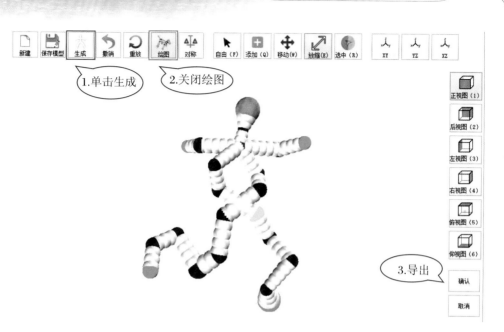

图 9.11 生成模型

8．保存模型

将模型导入到平台之上，附上"粉色■"，单击"输出▯"，输入名字后保存即可（图 9.12）。

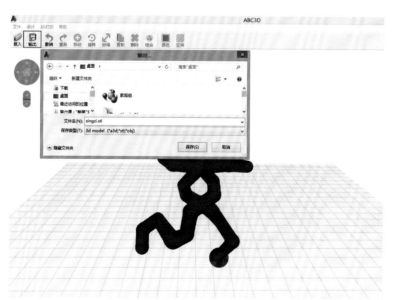

图 9.12 模型的保存

1. 迪迪介绍了 2008 年奥运会会徽中的中国元素,让我们了解得更多吧!

福娃是 2008 年北京奥运会的吉祥物(图 9.13)。五位福娃分别为"贝贝""晶晶""欢欢""迎迎"和"妮妮",把五个福娃的名字连在一起,会读出北京对世界的盛情邀请:"北京欢迎你"!

图 9.13 奥运五福娃

他们的原型和头饰蕴含着其与海洋、森林、火、大地和天空的联系,其形象设计应用了中国传统艺术的表现方式,展现了中国的灿烂文化。

奥运会圣火传递使用的是祥云火炬(图 9.14)。

图 9.14 祥云火炬

涂鸦:祥云是古代汉族吉祥云纹。

造型:设计灵感来自中国传统的纸卷轴。

颜色:红银对比的色彩产生醒目的视觉效果。

2. 了解了2008年奥运会中的一些中国元素,我们再一起学习更多的奥运知识吧(图9.15)。

图9.15　奥运五环

"更快、更高、更强",充分表达了奥林匹克运动不断进取、永不满足的奋斗精神和不畏艰险、敢攀高峰的拼搏精神。而这种精神在我们的学习、生活中是必不可少的,成绩的取得源于长时间的坚持与不放弃。

小小设计师

图9.16中展示出了中国的篆书之美,简单而形象,下面迪迪带大家一起去设计更多好玩的奥运图标模型(图9.17)吧!

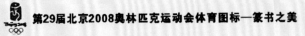

图 9.16　奥运会体育图标

图 9.17　奥运图标模型

第五单元 多彩动物世界

第 10 课 愤怒的小鸟

学习目标

1. 学会模型的组合与搭配；
2. 创造"愤怒的小鸟"模型；
3. 培养空间意识与思维能力。

主 题 背 景

愤怒的小鸟

愤怒的小鸟游戏真好玩啊，有没有更多关于它的知识呢？

其实这个游戏已经被改编成新的电影了（图10.1），下面就听迪迪来跟你说说吧。

图10.1 愤怒的小鸟

在一座与世隔绝的小岛上，生活着一群不会飞的小鸟，主角"大红"脾气火爆，爱惹是生非，经常弄得岛上鸡飞狗跳，它还有速度鸟"恰克"、炸弹鸟"炸弹"等好朋友，大家一直在岛上过着简单而幸福的生活。

然而，当一群神秘的绿色小猪(图10.2)登陆岛屿时，小鸟们平静的生活被彻底打破了。小猪抢夺了小鸟的蛋，占领了小鸟的家，小鸟们为了抢回这些蛋和家园，和小猪进行了一系列的斗争。

图10.2 绿皮小猪

活 动 任 务

故事中的小鸟是不断进步与改变的，我们的建模知识与本领也是要不断提升的，下面就跟着迪迪一起来设计主角大红(图 10.3)吧！

图 10.3 大红 3D 打印模型

1．小鸟身体

单击"模型—几何体"，再拖动"球●"到平台，用"Ctrl"＋鼠标左键调节控制点将圆球压缩，单击"复制▐"，复制出另一个球体，通过调节高度、方向等得出如图10.4所示的小鸟身体。

注意：调节大小时，按住"Ctrl"键为不规则放缩，直接单击控制点为规则放缩。

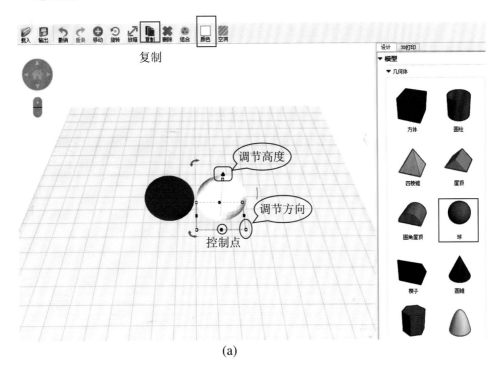

(a)

图 10.4　绘制小鸟身体

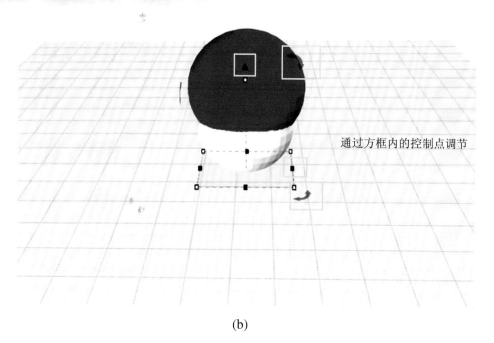

通过方框内的控制点调节

(b)

图 10.4 续

2．制作头发

如图 10.5 所示，单击"模型—几何体"，再拖动"抛物体 "到平面，调整大小、颜色和方向，重新"复制 "一个，移至相应位置。

3．设计眉毛

如图 10.6 所示，单击"模型—几何体"，再拖动"字母 J "到平台，换上"黑色 "并变形；将其移动到头部，进行旋转与移动；再"复制 "眉毛，放到合适的位置。

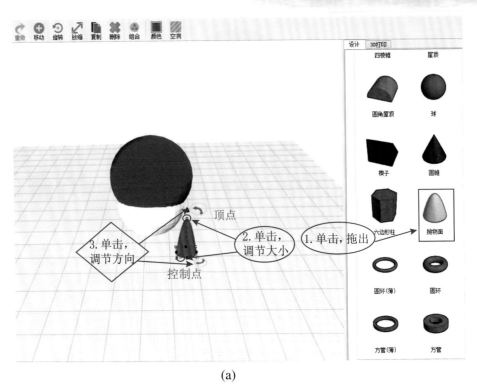

(a)

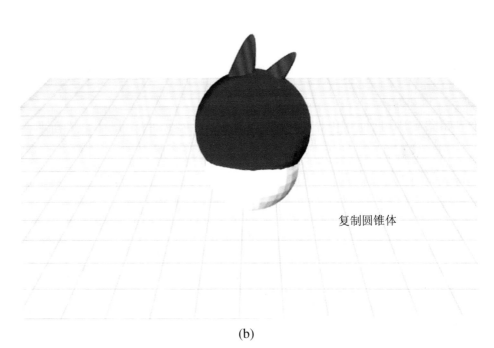

复制圆锥体

(b)

图 10.5　小鸟的头发

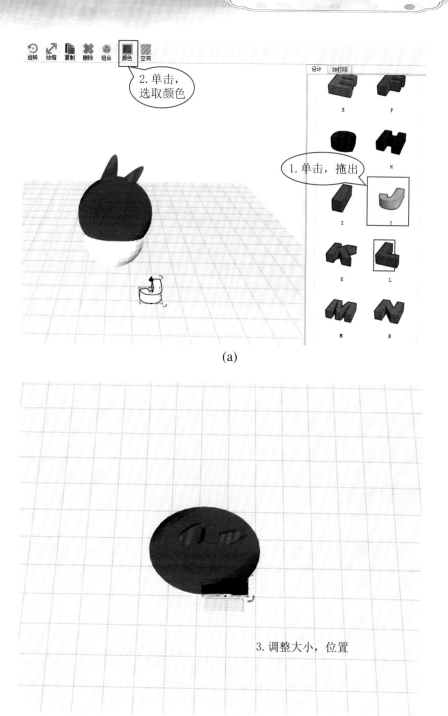

(a)

(b)

图 10.6　绘制眉毛

(c)

图 10.6 续

4．制作眼睛

如图 10.7 所示的步骤,拖出"球●",调节大小,换成"白色□"与"黑色■","复制🗐"一个"球●",移动组合成眼睛的模型,整体移至合适的位置,再"复制🗐"一个眼睛,得出完整的图。

5．制造嘴巴

拖出一个"圆锥体▲",进行不规则放缩,使得圆锥体变得扁平,颜色变为"黄色□",移至合适的位置,得到图 10.8。

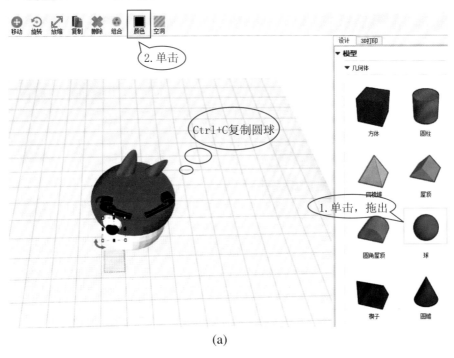

(a)

(b)

图 10.7 小鸟眼睛

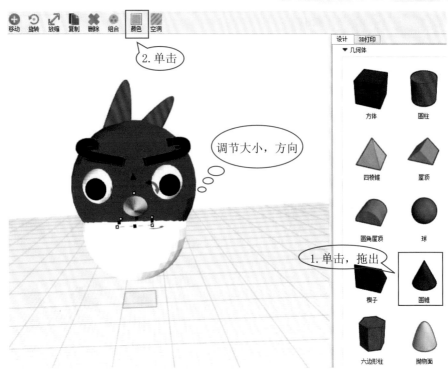

图 10.8　小鸟的嘴巴

6. 复制尾巴

如图 10.9 所示的操作步骤，拖出"字母 I"至平台，调整颜色为"黑色■"；把 I 移动到小鸟的后背，可通过"浮盘"进行观察，也可使用鼠标右键直接调整方向；再"复制"两个字母 I，调整到合适的位置。

注意：使用鼠标右键可以调节平台的方向，使用浮盘上的方向键可进行微调，更精确。

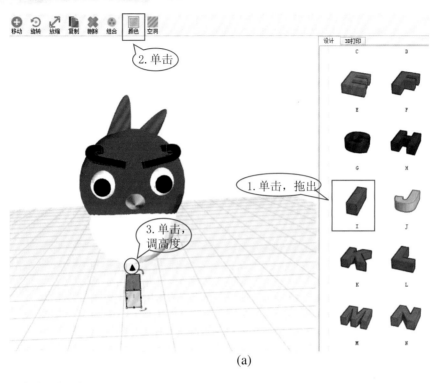

(a)

(b)

图 10.9 尾巴模型

5. 复制尾巴

6. 调节方向

(c)

图 10.9 续

7. 保存模型

模型设计完成之后进行"输出 ⊟"保存到相应位置(图 10.10)。

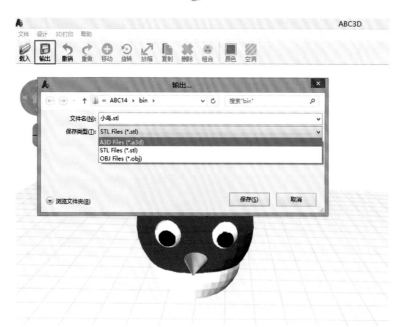

图 10.10 保存模型

小知识：用.a3d格式保存，文件重新导入可以直接再修改；用.stl格式保存，文件可以直接打印，但不可再进行修改。

当太阳光照射到空气中的水滴时，光线就会被折射或反射，在天空中形成拱形的七彩光谱。这种现象经常出现于雨后初晴的时候，光谱的颜色分为红、橙、黄、绿、蓝、靛、紫，俗称"彩虹"（图10.11）。

图10.11 七色彩虹

色彩是精彩世界的重要组成部分。我们在建模中为了使模型更美观，往往也会涉及很多的颜色搭配，合适的颜色会使整个作品的质量提升很多，下面我们来介绍下色彩的三原色（图10.12）。

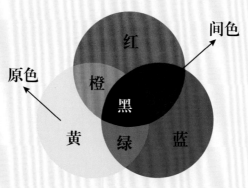

图10.12 色彩的三原色

色彩中不能再分解的基本色称为原色,原色可以合成其他多种颜色,而其他颜色却不能还原出本来的色彩。我们通常说的人造三原色,即红、黄、蓝。三者间互相混合可以搭配出各种颜色,而三者同时相加则会形成黑色。

小小设计师

上面迪迪带着大家学习了大红的制作,下面大家自己试试制作出大红的其他小伙伴(图10.13)吧。

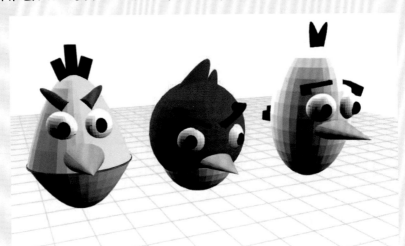

图10.13　愤怒的小鸟

第11课 可爱的毛毛虫

学习目标

1. 学习组合与搭配的技巧；
2. 了解蝴蝶的相关知识；
3. 创造毛毛虫模型。

主题背景

破茧成蝶

蝴蝶真的好美啊。

对啊，蝴蝶是世界上最美丽的生物之一（图11.1），它有着色彩斑斓的翅膀，点缀着如诗如画的大自然，是道美丽的风景，被许多人称赞。

蓝闪蝶

猫头鹰环蝶

多尾凤蝶

图11.1 美丽的蝴蝶

蝴蝶虽然享受着荣誉与赞美，却需要忍受无数的痛苦才能成长起来。毛毛虫阶段弱小漫长，蜕变之前，它还得编织一个厚厚的茧，把自己包裹起来，等时机成熟了再痛苦地咬破自己编织的茧，破茧而出，蜕变为美丽的蝴蝶，翩翩起舞于花丛之中（图11.2）。

图11.2 破茧成蝶

活 动 任 务

每个人的成长过程都与蝴蝶类似，痛并快乐着，大家也都知道蝴蝶的前身是毛毛虫，今天，迪迪就带大家来制作一条可爱的毛毛虫。

图11.3 毛毛虫的模型

创意工厂

1. 毛毛虫头部

在"骨架球 "界面,打开"对称 "功能,添加两个小"球 ● ",单击 "放缩 "功能调节大小,调整后如图 11.4 所示。

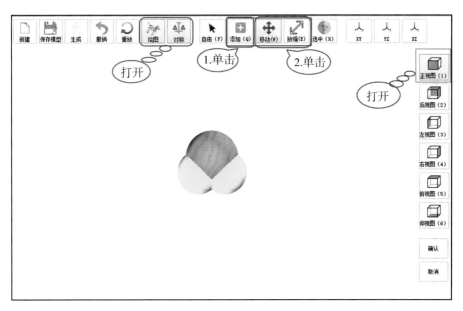

图 11.4 毛毛虫头部

小技巧:使用放缩功能时,鼠标单击控制球的边缘可 更好地控制放缩哦!

调整完毕后按照图 11.5 的步骤"生成 "模型,并用"绘图 "进 行查看。

2. 毛毛虫触角

如图 11.6 所示的步骤,在"正视图(1) "打开绘图功能,在头部"添 加 "两个小"球 ● ",单击"放缩 "功能,调节大小。

1.单击

(a)

关闭

(b)

图 11.5 生成模型

1.打开

2.单击

(a)

图 11.6 绘制触角

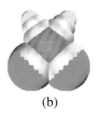

(b)

图 11.6 续

打开"添加➕"功能,添加两个小"球●",并通过"放缩⤢"调整图形,得到图 11.7。

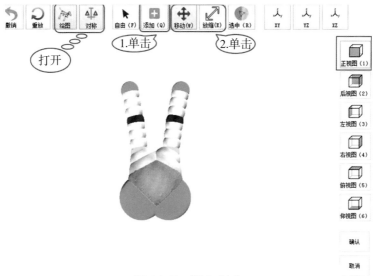

图 11.7 添加触角

按照图 11.8 的步骤,进入"左视图(3)▱",分辨出脸部与后脑,多角度观察模型,"调整✥"触角。

3．导出模型

如图 11.9 的操作,参照上面的步骤"生成🧍"模型进行查看,满意后点击"确认",导入软件平台。

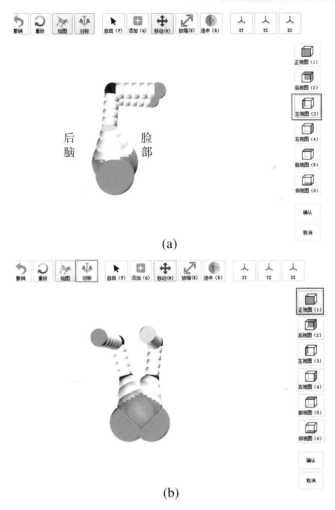

后脑　脸部

(a)

(b)

图 11.8　触角的调整

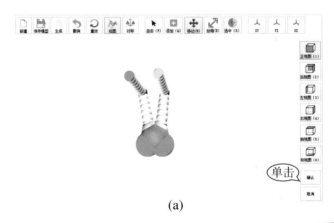

单击

(a)

图 11.9　导出模型

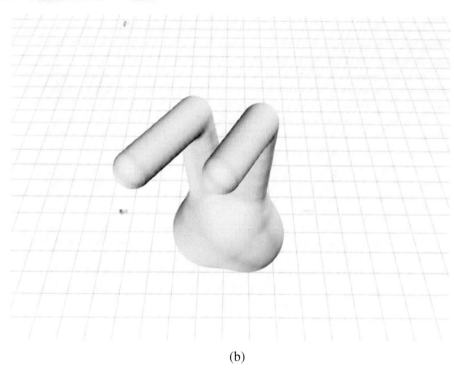

(b)

图 11.9 续

4．添加眼睛

将头部换成"黄色▨"，拖动"球体●"，改变大小，颜色换成"黑色▇"与"白色▢"，组合成眼睛，并"复制▜"另一个眼睛，移至对应位置，得到图 11.10 的模型。

5．做出嘴部

点击"符号"拖出"心形符号♥"到平台，参照图 11.11 中框出的按键，心形的颜色为"红色▇"，对大小与高度进行调整。

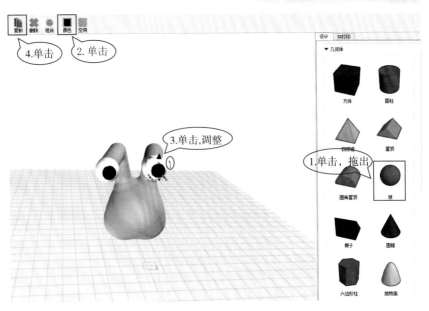

图 11.10　制作眼睛

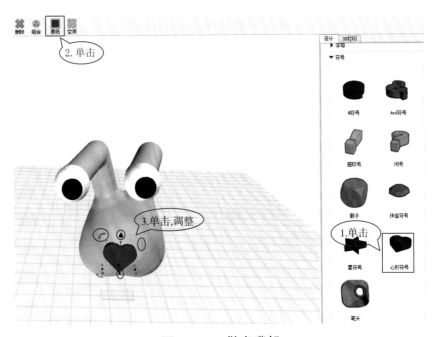

图 11.11　做出嘴部

6. 设计身体

在几何体中拖动一个"球⬤",进行移动与缩放操作,将颜色换成"绿色▨",如图 11.12 所示,与头部连接。

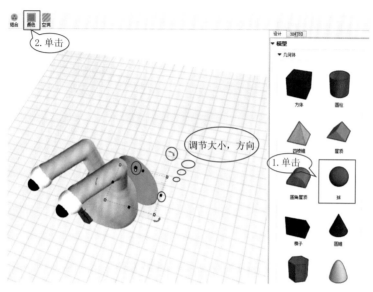

图 11.12　身体的元素

"复制▨"变形的球体,并将颜色换成"嫩绿色▨",并且连续"复制▨"与位置调整,效果如图 11.13 所示。

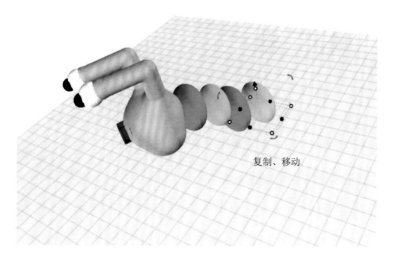

图 11.13　设计身体

继续"复制 变形的球体,尾巴处的椭球体旋转调位置,注意头部与身体底部模型在同一平面上,如图 11.14 所示。

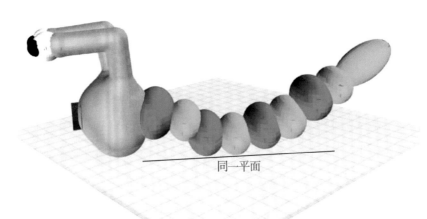

图 11.14 同一平面调整

7. 调整细节

对头部的眼睛进行移动调整,做出毛毛虫的眼睛神态(图 11.15)。

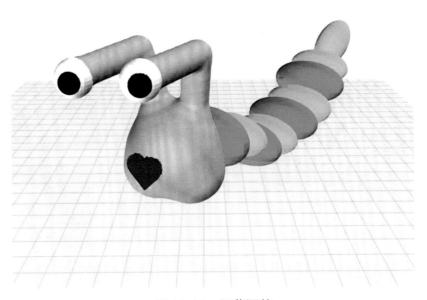

图 11.15 细节调整

8．保存模型

模型设计完成之后进行"输出 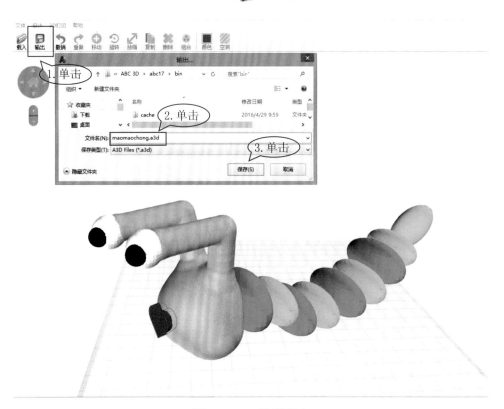 "保存(图 11.16)。

图 11.16　模型保存

关于蝴蝶有很多的成语故事,大家跟着迪迪来了解一些吧。

破茧成蝶:指肉虫或毛毛虫等通过痛苦的挣扎与坚持不懈的努力,化为蝴蝶的故事。现在用来指重获新生,走出困境。

庄生梦蝶:庄生,即战国人庄周、庄子,梦中幻化为栩栩如生的蝴蝶,忘记了自己原来是人,醒来后才发觉自己仍然是庄子。究竟是庄子梦中变为蝴蝶，还是蝴蝶梦中变为庄子，实在难以分辨。现用来比喻梦中乐趣或人生变化无常。亦作"庄周梦蝶"（图11.17）。

图 11.17　庄周梦蝶

小小设计师

　　迪迪带大家制造完了可爱的毛毛虫，那大家能结合以前学过的知识，尝试制作图11.18中的小蝴蝶吗？

图11.18　小蝴蝶

第 12 课　坚持的蜗牛

学习目标

1. 设计蜗牛的身体、眼睛模型；
2. 养成坚持不懈的精神。

主题背景

坚持的蜗牛

这次考试又没考好，好难过啊。

　　不要伤心啦。成长的路上挫折总会有，但是要学会面对挫折，就像图12.1中的小蜗牛一样，不怕困难。

图12.1　小蜗牛

　　森林中有一只小蜗牛，一直向往外面的世界，于是它告别父母远离家乡，独自踏上了寻找美景的旅途。小蜗牛背负着重重的壳，一步一步往前爬，历经千辛万苦，流汗、委屈、孤独，可只要想到前方就有最美好风景，它就坚持了下来，最后终于走出了森林，看到了外面不同的世界。

活 动 任 务

小蜗牛虽然爬得很慢,并且背着重重的壳,但是它很想去看远方的风景,经历风雨险阻,坚持不懈地,一步一步爬到目的地。我们今天和迪迪一起创造一只坚持的小蜗牛(图12.2)吧!

图 12.2 蜗牛的模型

创 意 工 厂

1. 蜗牛的身体

按照图12.3的步骤,在"正视图(1)⬜"中关闭"对称⬩"功能,点击"添加➕",将"关键球⚫"向左添加2次,再点击"移动✛",用"放缩⤢"进行调整。

修改完后,点击"生成🧍",关闭"绘图🐎"功能,生成如图12.4所示的模型。

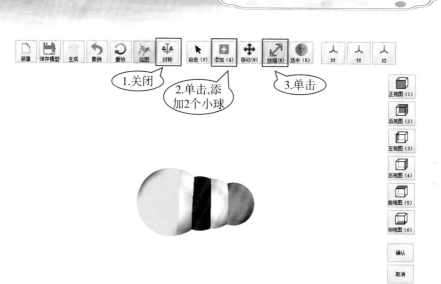

图 12.3　蜗牛的身体

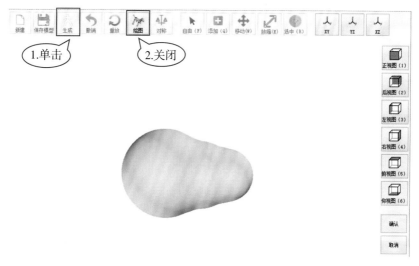

图 12.4　生成身体

2. 蜗牛的触角

点击"右视图（4）▱"，打开绘图，增加"对称▵▵"功能，按照图 12.5 的步骤，绘制触角，并用"放缩↗"与"移动✛"功能进行调节。

在原触角上继续"添加✚"3 个球，设计出图 12.6 中的完整触角。

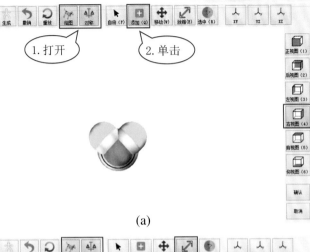

(a)

(b)

图 12.5　绘制触角

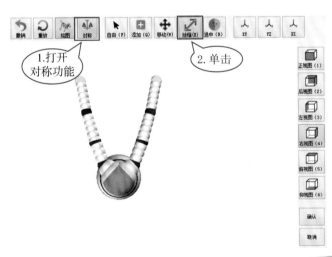

图 12.6　添加触角

回到"正视图（1）📦"多视角查看，调整触角的位置，并进行适当"放缩↗"，完成后点击"生成🤸"模型，对模型进行更精确的观察，点击"确认"，导入软件平台，如图12.7所示。

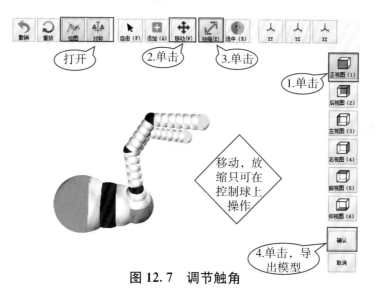

图 12.7　调节触角

3．添加眼睛

把蜗牛颜色改为"黄色▨"，拖动几何体中的"球●"，"复制▣"1个，将它们分别变成"黑色■"与"白色□"，放缩至合适的大小组成眼睛，放置在蜗牛的触角之上，得出如图12.8的效果。

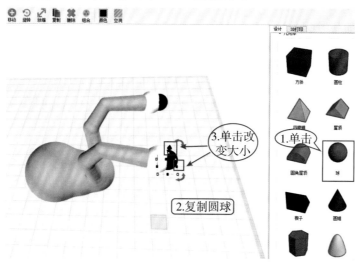

图 12.8　制作眼睛

4. 制作蜗牛嘴巴

拖动"数字模型 0 ",将其颜色改成"红色■",移动旋转到如图 12.9 中的位置。

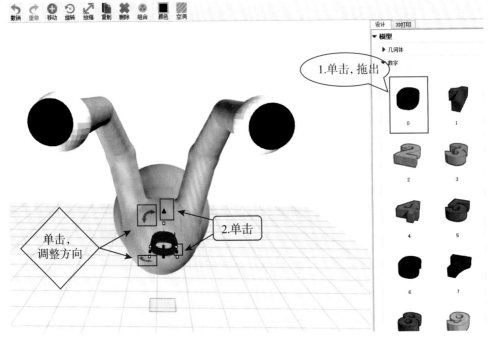

图 12.9 做出嘴部

5. 设计蜗牛的壳

从几何体中拖动一个"球●",用"Ctrl"＋鼠标左键调节控制点将圆球压缩,移动到蜗牛的背上,并"复制█"一个将其缩小,如图 12.10 所示。

如图 12.11 所示,打开骨架球,取消"对称▲▲","添加┿"关键球,并"移动✛"调整,直接"生成✖"模型导入到平台。

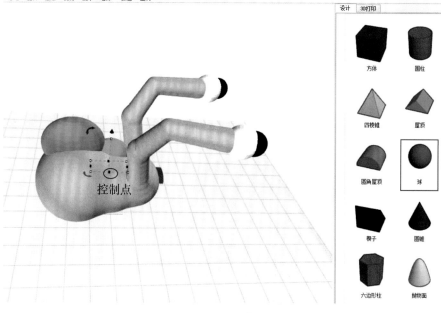

图12.10 蜗牛的壳

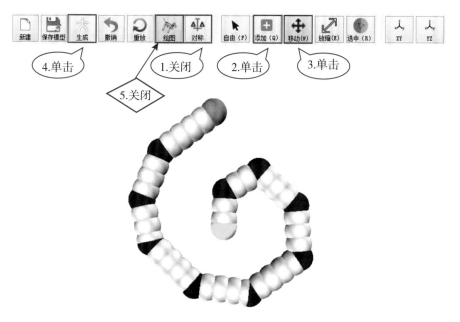

图12.11 壳的花纹

将花纹颜色换成"紫色 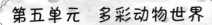",进行移动与缩放,放到蜗牛壳上,另外再"复制 "花纹,使得花纹在蜗牛壳上对称排列(图12.12)。

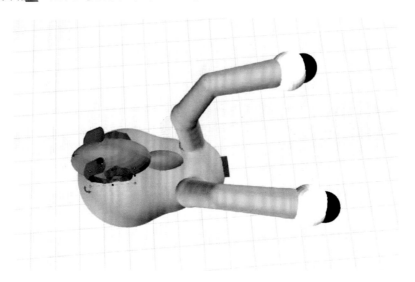

图 12.12　装饰蜗牛壳

6. 保存模型

模型设计完成之后进行输出保存(图 12.13)。

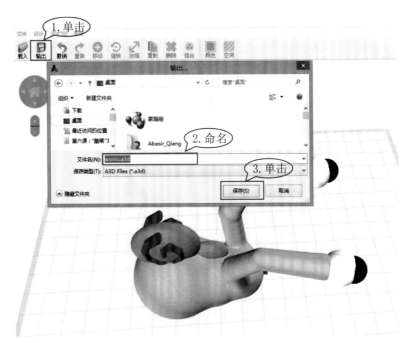

图 12.13　保存模型

登上金字塔顶的蜗牛

世界上只有两种动物能到达金字塔顶,一种是老鹰,一种是蜗牛(图 12.14)。

那么是为什么呢?

鹰矫健、敏捷,有一对善飞的翅膀,利用自己的优势飞翔到金字塔的顶端。

蜗牛弱小、迟钝、笨拙,靠着永不停息的执著精神,一步一步爬上金字塔顶,将弱势转化为优势。

图 12.14 攀登金字塔

这个故事告诉我们,生活中不要害怕困难,遇到困难时也不要退缩,要鼓起勇气,坚持到底,在克服了一个又一个困难之后,才会变得强大,才能得到成长。

本节课，迪迪带大家学习制作了小蜗牛，我们试着自己制作图12.15中可爱的小雪人吧。

图12.15　小雪人